# Sitzungsberichte

der

# Heidelberger Akademie der Wissenschaften

**Stiftung Heinrich Lanz**

## Mathematisch-naturwissenschaftliche Klasse

*) *Jahrgang 1921 erschien im Verlage von Carl Winters Universitätsbuchhandlung in Heidelberg.*

*Im Verlag von Walter de Gruyter & Co. vormals G. J. Göschen'sche Verlagshandlung — J. Guttentag, Verlagsbuchhandlung — Georg Reimer — Karl J. Trübner — Veit & Comp., Berlin erschienen:*

### Abteilung A. Mathematisch-physikalische Wissenschaften.

Jahrgang 1922: 3 Hefte.

Jahrgang 1923: 5 Hefte.

Jahrgang 1924: 11 Hefte.

### Abteilung B. Biologische Wissenschaften.

Jahrgang 1923: 1 Heft.

*Von Jahrgang 1925 ab findet die Trennung in Abteilung A und B nicht mehr statt.*

### Jahrgang 1925.

1. Heffter, Lothar. Zur absoluten Geometrie II. Reichsmark 0·50
2. Roeser, Ernst. Die komplementären Figuren der nichteuklidischen Ebene. Reichsmark 0·50
3. Fladt, Kuno. Neuer Beweis f. d. Zuordnung von rechtwinkligem Dreieck und Spitzeck in der hyperbolischen Elementargeometrie. Reichsmark 0·30
4. Salomon, Wilhelm. Beobachtungen über Harnische. Reichsmark 0·70
5. Loewy, A. Beiträge zur Algebra. 1—4. Reichsmark 1·—
6. Hellpach, Willy. 2. Mitteilung zur Physiognomik der deutschen Volksstämme. Reichsmark 0·30
7. Loewy, Alfred. Neue elementare Begründung u. Erweiterung der Galois'schen Theorie. Reichsmark 2·—
8. Curtius, Theodor u. Bertho, Alfred. Einwirkung von Stickstoffkohlenoxyd und von Stickstoffwasserstoffsäure unter Druck auf aromatische Kohlenwasserstoffe. Reichsmark 0·40
9. Roeser, Ernst. Die gnomonische Projektion in der hyperbolischen Geometrie. Reichsmark 0·70
10. Rasch, G. Über die Ausnützung der Gezeiten des Meeres zur Energiegewinnung. Reichsmark 0·80
11. Salomon, Wilhelm. Magmatische Hebungen. Reichsmark 1·20
12. Pütter, A. Altersbestimmungen an Drachenbäumen von Teneriffe. Reichsmark 0·90
13. Volk, Otto. Über geodätische rhombische Kurvennetze auf krummen Flächen, insbesondere auf Flächen konstanter Krümmung. Reichsmark 1·10
14. Roeser, Ernst. Die Fundamentalkonstruktion der hyperbolischen Geometrie. Reichsmark 1·40

*(Fortsetzung siehe 3. Umschlagseite)*

*) **Bestellungen auf solche Veröffentlichungen der math.-naturw. Klasse, welche früher im Verlag von Carl Winters Universitätsbuchhandlung in Heidelberg erschienen sind, nimmt auch der Verlag Walter de Gruyter & Co., Berlin, entgegen.**

FSC
www.fsc.org
MIX
Papier | Fördert
gute Waldnutzung
FSC® C083411

Zeitfracht Medien GmbH
Ferdinand-Jühlke-Straße 7
99095 Erfurt, Deutschland
produktsicherheit@kolibri360.de

**Sitzungsberichte**
**der Heidelberger Akademie der Wissenschaften**
**Mathematisch-naturwissenschaftliche Klasse**
**Jahrgang 1929. 8. Abhandlung.**

# Über Energie und Gravitation

Von

**P. Lenard**
in Heidelberg

Mit 1 Abbildung

Eingereicht am 24. Juni 1929

**Berlin und Leipzig 1929**

Walter de Gruyter & Co.

vormals G. J. Göschen'sche Verlagshandlung / J. Guttentag, Verlagsbuchhandlung / Georg Reimer / Karl J. Trübner / Veit & Comp.

# Über Energie und Gravitation.

Hasenöhrl hat zuerst nachgewiesen, daß Energie Masse (Trägheit) besitzt.[1]) Er hat den Nachweis an der Energie des Lichtes (elektromagnetischer Strahlung) geführt, d. i. an Energie, die nicht an Materie oder an Elektronen sitzt, wodurch der Nachweis frei von den Unsicherheiten möglich wurde, die der Kenntnis von der inneren Beschaffenheit der Atome sowohl als der Elektronen unvermeidlich noch eigen sind und die bei allen früheren Betrachtungen über Energie wesentlich mitwirkten. Seine Untersuchung betrifft in der Tat nur die Energie allein, frei von Zutaten, die er damit als entbehrlich nachwies, und hierin liegt die große Wichtigkeit seiner Leistung.[2])

Ich knüpfe an Hasenöhrls Ergebnis im folgenden eine Reihe von Schlüssen, die mit Wahrscheinlichkeit zu ziehen sind und die dem lange schon gesuchten Weltbild mit der Energie im Vordergrund eine bemerkenswerte Deutlichkeit geben. Es wird dabei, allein nur mittels strenger Durchführung von Hasenöhrls Ergebnis, unter Zuziehung gut gesicherter Erfahrungen, mehreres in neuer Weise beurteilbar, was bisher schon soweit wie möglich erledigt schien. Hierher gehören: die Bewegung des Merkur, die Energievorgänge beim Weggang des Lichtes von der Sonne und anderen Gravitations-Zentren, die Frage nach der Ursache von Spektrallinien-Verschiebungen bei Gestirnen, die Relativität oder Nichtrelativität von kinetischer Energie, Masse und Gravitation und auch die Frage nach einer Giltigkeitsgrenze des Gravitationsgesetzes.

Da man gegenwärtig möglichst auf Erfahrung gestützten Betrachtungen meist keine Aufmerksamkeit schenkt, will ich mich kurz fassen. Meine Ergebnisse kann ich dabei doch zum besten geben. Der Inhalt ist im übrigen aus den Überschriften der sieben Abschnitte zu ersehen.

---

[1]) F. Hasenöhrl, Ber. d. Wiener Akad. 113, 1904; Annalen der Phys. 15, 1904 und 16, 1905.

[2]) Die Neuheit von Hasenöhrls Leistung und der große Fortschritt, den sie brachte, werden am besten deutlich, wenn man die historische Entwicklung betrachtet (s. dazu „Große Naturforscher“, Verlag Lehmann, München 1929. S. 308–311).

## 1. Bemerkungen zu HASENÖHRLS Ableitung.

Es liegt derselben ein Gedankenversuch mit einem von Strahlung erfüllten Hohlraum zugrunde. Wird diesem Hohlraum eine beschleunigte Bewegung erteilt, so zeigt er eine besondere Trägheit, die der eingeschlossenen Strahlung zugehört und die deren Energie proportional ist. Dies wird in der Hauptsache aus der Kenntnis des Lichtdruckes auf die Wände des Hohlraums nachgewiesen. Gut gesichert ist dabei (durch die Gesamtheit der Erfahrungsbeweise für MAXWELLS Theorie) das Bestehen und die Größe des Lichtdruckes auf ruhende Wände, wonach dieser Druck gleich ist der Energiedichte an der Wand. Ebenfalls gut gesichert (durch das bewährte Prinzip von DOPPLER) sind die Veränderungen der Energiedichte bei Bewegung spiegelnder Wände.[1] Fraglich ist Verschiedenes, was sonst noch zur Berechnung von HASENÖHRLS Gedankenversuch nötig ist, was aber doch das Ergebnis nur wenig abzuändern vermag. Hierher gehören etwaige Besonderheiten, welche bei der Bewegung der Wände in deren Emissions- und Absorptionsvermögen, sowie im Lichtdruck auf dieselben auftreten könnten und auch eine etwaige Lorentz-Kontraktion des Hohlraums bei der Bewegung. HASENÖHRL findet bei den von ihm gemachten (in seiner Rechnung ziemlich versteckt liegenden) Annahmen über diese und ähnliche Dinge die Masse $m$ der Energie $E$ $m = \frac{4}{3}\ E/c^2$.

Diese Berechnung läßt sich vereinfachen, und ihre Grundlagen werden besser ersichtlich, wenn man den Gedankenversuch vereinfacht, was ihn nicht weniger erlaubt[2]) und daher auch nicht weniger beweisend macht, um so mehr als man dann weniger Annahmen zur Berechnung nötig hat. Ohne diese Vereinfachung hier ganz durchführen zu wollen, sei nur die Hauptsache hervorgehoben.

Man nehme vollkommen spiegelnde Wände des Hohlraums an, so daß ein einmal in ihm vorhandener Strahlungsinhalt dauernd an seinen Wänden hin und her reflektiert wird. Der prismatisch gedachte Hohlraum (siehe die Abbildung S. 5) sei in gleichförmig beschleunigter Bewegung mit der augenblicklichen Geschwindigkeit $v$ parallel zu einer seiner Kanten begriffen; die Wand $a$ gehe in der Bewegungsrichtung voran.[3])

---

[1]) Diese Veränderungen, wie wir sie w. u. in die Rechnung setzen, sind bereits in W. WIENS Ableitung des „Verschiebungsgesetzes“ (Berl. Akadem. 1893, 1, S. 55) mit widerspruchsfreiem Erfolg maßgebend gewesen.

[2]) Erlaubt ist ein Gedankenversuch, wenn er ausschließlich Vorgänge benutzt, deren Verwirklichung in beliebig gesteigerter Annäherung durch keinerlei Naturkenntnis ausgeschlossen ist.

[3]) Alle Geschwindigkeiten sind hier und im folgenden relativ zur Erdoberfläche gemeint; auch für die Lichtgeschwindigkeit $c$ gilt dies, da wir den

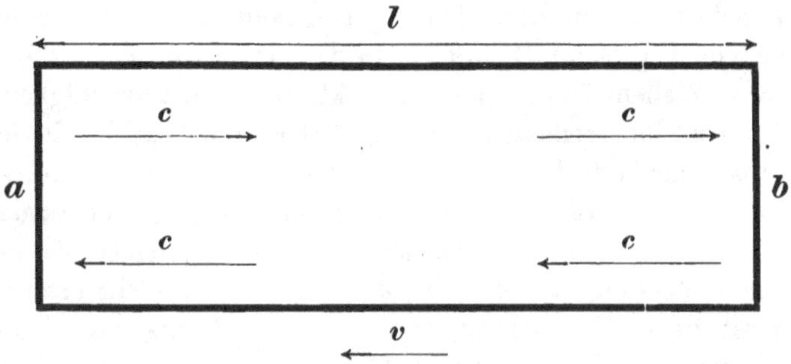


Es sei zunächst nur Strahlung parallel zur Bewegungsrichtung des Hohlraums in ihm vorhanden, die somit dauernd zwischen den Wänden *a* und *b* hin und her reflektiert wird. Für die Reflexion an den bewegten Spiegeln *a* und *b* gilt DOPPLERS Prinzip, wonach die Wellenlänge $\lambda$ bei jeder Reflexion eine Änderung um den Betrag $\pm 2\,\lambda\,v/c$ erfährt. Entsprechend muß auch die Energiedichte geändert sein; denn die Volume, in welchen die bei der Reflexion ungeänderten Energiemengen[1]) enthalten sind, ändern sich proportional den Wellenlängen, nur mit verkehrtem Zeichen. Die Energiedichte wird daher bei der Reflexion an den mit der Geschwindigkeit $v$ bewegten Spiegeln um einen $\mp 2\,v/c$ proportionalen Betrag geändert. Ist die im Hohlraum vorhandene mittlere Energiedichte $e$, so ist stets $e/2$ in der Richtung $a\,b$ und die andre Hälfte in der Richtung $b\,a$ bewegt; es ist daher die Änderung der gesamten Energiedichte in der Nähe jedes Spiegels infolge der Reflexion $\mp e\,v/c$, wobei das obere Zeichen gilt wenn $v$ und $c$ gleichgerichtet, das untere, wenn sie entgegengesetzt gerichtet sind. Mit der Energiedichte ändert sich auch der durch sie gegebene Lichtdruck. Man sieht ein, daß bei beschleunigter Bewegung des Hohlraums ein Gefälle der Energiedichte in ihm vorhanden sein muß; denn

---

Äther im Hohlraum relativ zur Erdoberfläche ruhend annehmen, was übrigens für kleine Geschwindigkeiten $v$ garnicht weiter in Betracht kommt. LORENTZ-Kontraktion nehmen wir nicht an. Es entspricht dies allen zur Zeit bekannten Tatsachen, wie ich früher gezeigt hatte („Äther und Uräther", Verlag Hirzel 1922). Die von Herrn COURVOISIER in den Astronomischen Nachr. veröffentlichten Beobachtungen, welche Lorentz-Kontraktion der Erde nachweisen sollten, können gegenüber so vielem Gegenteiligen nicht überzeugen; sie sind dazu zu wenig eingehend durchgeführt, und ihre Vielartigkeit kann diesen Mangel nicht ersetzen.

[1]) Eine Änderung der Energie infolge von Volumänderung des durchstrahlten Raumes, welche mit Arbeit gegen, beziehlich durch den Lichtdruck verbunden wäre, nehmen wir nicht an. Denn das Volum des Hohlraums wird nicht geändert. Auf die Unwirklichkeit der LORENTZ-Kontraktion wurde bereits hingewiesen. Setzte man Arbeit durch Volumänderung in die Rechnung, so würde $m > E/c^2$ sich ergeben.

die an $b$ reflektierte, in der Richtung $b\ a$ laufende Strahlung hat in der Nähe von $b$ größere Dichte als in der Nähe von $a$, da die bei $a$ befindlichen Wellen früher, also bei kleinerer Geschwindigkeit des Spiegels. $b$ von ihm reflektiert waren. Ebenso hat auch die in der Richtung $a\ b$ laufende Strahlung bei $a$ kleinere, bei $b$ größere Dichte. Der Dichtenunterschied $\delta e$ muß dem Geschwindigkeitsunterschied $\delta v$ des Hohlraums entsprechen, welcher zum Zeitunterschied $\delta t$ gehört, der zur Durchlaufung der Strecke $a\ b = l$ für das Licht erforderlich ist. Es ist daher $\delta e = e \delta v / c$, wobei $\delta v / \delta t = b$ die vorausgesetzte Beschleunigung des Hohlraums und $\delta t = l / c$ ist.[1]) Hieraus folgt $\delta e = e l b / c^2$. Dieser Dichtenunterschied ist auch gleich dem Unterschied der Lichtdrucke an den Flächen $a$ und $b$, wobei nach der vorherigen Überlegung der kleinere Druck an der in der Beschleunigungsrichtung vorausgehenden Fläche $a$ herrscht. Dieser Druckunterschied multipliziert mit der Flächengröße $f$ von $a$ und $b$ ergibt die Kraft $e l f b / c^2$, welche in Richtung $b a$ vorhanden sein muß, um die Beschleunigung $b$ aufrechtzuerhalten, und zwar nur infolge des Energieinhaltes des Hohlraums. Da $l f$ das Volum des Hohlraums ist, so ist dieser Energieinhalt $E = e l f$ und die Kraft ist also $E b / c^2$. Die Kraft dividiert durch die Beschleunigung ergibt nach Galileis und Newtons dynamischem Grundgesetz die in Beschleunigung befindliche Masse $m$ des Energieinhaltes $E$; wir finden also diese Masse

$$m = \frac{E}{c^2} \quad \ldots\ldots\ldots\ldots 1)$$

Zum vollständigen Beweise, daß diese Masse aller (zunächst elektromagnetischen Strahlungs-)Energie zukomme, wäre noch die Betrachtung von Strahlung erforderlich, die in den beiden zu $v$ senkrechten Richtungen im Hohlraum hin und her reflektiert wird. Diese Betrachtung ist von Hasenöhrl insofern schon durchgeführt worden, als seine Rechnung von vornherein auf diffus nach allen Richtungen verlaufende Strahlung sich bezieht. Überlegt man den Fall der zu $v$ senkrechten Strahlung im einzelnen, so zeigt sich, daß auch hier bei Beschleunigung des Hohlraums ein Energiedichtengefälle auftreten muß, indem diese Strahlung infolge von Aberrationswirkung schief wird.[2]) Es fehlen aber

[1]) Unsere Rechnung bezieht sich überall auf Geschwindigkeiten $v$, die klein sind gegenüber der Lichtgeschwindigkeit.

[2]) Ist der (sehr kleine) Aberrationswinkel $\alpha$, so findet man die Dichtenänderungen an den Flächen $a$ und $b$ mit dem Faktor $\alpha$ verkleinert, dafür aber die Zeit $\delta t$ mit $1/\alpha$ vergrößert, was sich aufhebt und somit — unter sonst einfachsten Annahmen — wieder zum Ergebnis $m = E/c^2$ führt.

zur Durchführung der Rechnung Kenntnisse, die man nicht mit Sicherheit besitzt, so über schiefe Lichtreflexion an Spiegeln, die relativ zum Äther bewegt sind. HASENÖHRL kommt mit den von ihm gemachten Annahmen im ganzen zum Ergebnis $m = \frac{4}{3}\,E/c^2$, welches, wie schon bemerkt, im Verhältnis $\frac{4}{3} : 1$ von dem unserer Berechnung des einfachen Falles der zu $v$ parallelen Lichtbewegung verschieden ist. Der Ursprung dieses Unterschiedes, in HASENÖHRLS verwickelter Rechnung verborgen liegend, ist noch nicht zu voller Befriedigung ersichtlich gemacht.[1]) Jedenfalls hat aber die Erfahrung bereits gezeigt, daß nicht der Faktor $\frac{4}{3}$, wohl aber, soweit bisher zu sehen, der Faktor 1, d. i. die Gleichung $m = E/c^2$ der Wirklichkeit entspricht, und es ist angezeigt, nun umgekehrt aus diesem Erfahrungsergebnis Schlüsse auf die erwähnten, noch nicht genügend bekannten Vorgänge zu ziehen.[2])

Die hier herangezogene Erfahrung, welche über den Faktor entschieden hat, ist in bekannter Weise an den schnellen Kathodenstrahlen gewonnen worden, deren kinetische Energie tatsächlich die Masse $E/c^2$ gezeigt hat.[3]) Auf diese Erfahrung — auf dem durch HASENÖHRL gezeigten Wege mit aller sonstigen Erfahrung verbunden — stützen sich alle im folgenden vorzubringenden Überlegungen.

Zunächst folgt die allgemeine Giltigkeit der Masse $E/c^2$ für jede Form von Energie ohne weiteres aus der Unveränderlichkeit der Energiemengen bei deren Verwandlungen, sobald man nur annimmt, daß auch Massen nirgends neu entstehen oder verschwinden, was aber aller Erfahrung entspricht.

---

[1]) Dies vermindert durchaus nicht HASENÖHRLS Verdienst, zum erstenmal unzweifelhaft gezeigt zu haben, was bis dahin fernliegend, beziehlich unsicher war: daß Energie überhaupt Masse besitzt. Betrachtet man dies als bereits gesichert, so kann die Größe der Masse auch ganz ohne Hohlraumbetrachtung in höchst einfacher Weise berechnet werden, wie ich früher schon gezeigt habe („Äther und Uräther", Leipzig 1922, S. 41, 42. Siehe auch bereits LEWIS, Phil. Mag. 16, 1908, S. 706).

[2]) Ein solcher Schluß — in der zweitvorhergehenden Note schon vorausgesetzt — ist der, daß bei relativ zum Äther bewegten Spiegeln das gewöhnliche Reflexionsgesetz mit relativ zum Spiegel gemessenem Einfallswinkel geltend bleibt (was HUYGENS' Prinzip auf solche Fälle nicht unmittelbar anwendbar zeigt).

[3]) Aus dieser Masse der kinetischen Energie folgt nämlich in einfacher Weise die bekannte, durch die Erfahrung bestätigte Abhängigkeit der Elektronenmasse von der Geschwindigkeit. Siehe Handbuch der Experimentalphysik Bd. 14 (Kathodenstrahlen) S. 401, 402. Wir kommen hierauf im 5. Abschnitt eingehender zurück; es sei hier nur hervorgehoben, daß schon die frühesten Versuche an den schnellen $\beta$-Strahlen des *Ra* genügt haben (1903), um zu zeigen, daß der Faktor $^4/_3$ nicht der Wirklichkeit entsprechen kann, sondern daß er durch einen der Einheit wesentlich näher liegenden Faktor zu ersetzen ist.

## 2. Trägheit und Gravitation als Eigenschaften der Energie und nur dieser.

Die stets, seit GALILEI und NEWTON, mit steigender Genauigkeit nachgewiesene Proportionalität zwischen Masse und Gewicht (Trägheit und Gravitation) mußte seit HASENÖHRL sogleich die Frage nahelegen, ob auch die nunmehr nachgewiesenen Massen der Energie der Gravitation unterliegen. Diese Frage ist durch seither beigebrachte Erfahrung in doppelter Weise bejahend beantwortet, nämlich erstens durch Pendeluntersuchungen an radioaktiven Körpern und zweitens durch die bei Sonnenfinsternissen beobachteten Lichtstrahlablenkungen am Sonnenrand. Die ersteren Untersuchungen zeigten das massenproportionale Gewicht der in den radioaktiven Atomen enthaltenen, bei ihrem Freiwerden nachmeßbaren Energie.[1]) Die Sonnenfinsternisbeobachtungen zeigten die Gravitation der Lichtnergie ebenfalls in dem zu erwartenden Maße, soweit die Genauigkeit dieser Beobachtungen geht und soweit sie wegen unvermeidlicher Mitwirkung der Sonnenatmosphäre Schlüsse zulassen.[2]) Wir nehmen darnach an, daß Energiemengen $E$ in allen ihren Formen nicht nur die Masse $E/c^2$ besitzen, sondern daß sie auch einer dieser Masse proportionalen Gravitation nach Maßgabe von NEWTONS Gesetz unterworfen sind. Dieses Gesetz galt ursprünglich für Materie; es mußte demnach in letzter Linie auf je zwei Atome des Weltalls bezogen werden. Da nun, durch die besagten Erfahrungen, auch zwischen Energiemengen und den Atomen der Erde oder der Sonne eine dem Gesetz entsprechende Kraft nachgewiesen ist, bleibt nur die Frage, ob auch Energiemengen untereinander nach dem Gesetz sich anziehen. Wir beantworten diese Frage — hypothetisch — bejahend, wobei wir aber nicht etwa annehmen, daß Energie ein besonderes, außer der Materie auch der Gravitation unterworfenes Etwas sei, sondern wir nehmen einfach an, daß auch die Atome nur deshalb Gravitation zeigen, weil sie Energieanhäufungen sind. Daß das letztere von allen Atomen gilt, dies ist seit den Untersuchungen über ihr Verhalten den Kathodenstrahlen gegenüber, wobei sie sich als Sitze außerordentlich starker elektromagnetischer Felder zeigten[3]), immer nur zunehmend sicherer geworden. Unsere Hypothese ist nicht nur mit aller Erfahrung in Übereinstimmung, sondern sie hat auch große Ein-

---

[1]) L. SOUTHERNS, Proc. Roy. Soc. A. 84, S. 325, 1911; P. ZEEMAN, Akad. Amsterdam 20, S. 542, 1917.

[2]) Siehe P. LENARD, Ann. d. Phys. 65, S. 593, 1921 und „Äther und Uräther" (Hirzel 1922) S. 43.

[3]) P. LENARD, Ann. d. Phys. 12, S. 739, 1903.

fachheit für sich, und Einfachstes hat sich stets als der Wirklichkeit entsprechend bewährt, wenn nur die zugrunde gelegten Begriffe brauchbar waren. Wir nehmen also an, daß Gravitation, samt der dazugehörigen Trägheit, überhaupt nicht besondere Eigenschaft der Materie sei, sondern daß sie ganz allgemeine Eigenschaft aller Energie ist, und daß sie den Atomen der Materie in der altbekannten Weise eben nur deshalb anscheinend vorzugsweise zukommt, weil diese Atome sehr große Anhäufungen von Energie sind. Wir haben anzunehmen, daß jedes *gr* Materie $c^2$ *erg*, d. i. rund $10^{13}$ *mkgr* oder $2.10^{10}$ *Kgrkal* Energie enthält und aus sonst nichts Gravitierendem oder Trägem besteht.

### 3. Alle Energie elektromagnetisch bedingt.

Nach der soeben gewonnenen, auf Hasenöhrls grundlegender Erkenntnis beruhenden Vorstellung von der Energie als alleinigem allgemeinem Sitz von Trägheit und Gravitation erscheint die Energie mehr als je vorher grundwichtig im Aufbau des Weltganzen; sie ist jetzt nicht nur Arbeitsvorrat, sondern sie erscheint wie ein Stoff mit Eigenschaften, und zwar gerade den Eigenschaften, die man bisher besonders der Materie zugeschrieben hat, wozu auch die allwirksame Gravitation gehört.

Um so mehr erscheinen aber dann die verschiedenen Formen verwunderlich, welche bekanntlich die Energie bei ihren Verwandlungen annimmt und welchen allen doch in gleichem Maße die Eigenschaften der Trägheit und der Gravitation zukommen müssen.

Diese verschiedenen Energieformen, deren schon Robert Mayer fünf aufzählt, als genügend zur Verfolgung sämtlicher bekannten Naturvorgänge, lassen sich allerdings schon nach bisheriger Kenntnis auf drei zurückführen. Die Form der Wärme ist als kinetische Energie der Moleküle und Atome zu betrachten, die Form der chemischen Energie als potentielle Energie der Atome; es bleiben dann übrig die drei Formen: Potentielle Energie, kinetische Energie, elektromagnetische Energie.

Von diesen drei Formen ist die potentielle Energie an sich recht verschiedenartig je nach der wirksamen Kraft. Die potentiellen Energien elektrischer und magnetischer Kräfte gehören ohne weiteres zur Form der elektromagnetischen Energie. Außerdem sind noch vorhanden: potentielle Energien von Gravitationskräften und von Molekularkräften und Atomkräften (elastischen Kräften und chemischen Kräften, zu welchen wir auch die Muskelkräfte der lebenden Organismen zählen). Diese letzteren Kraftarten sind aber, nach den vorhandenen Kenntnissen über die Moleküle und Atome sämtlich elektromagnetischer Natur, so daß ihre potentiellen Energien auch wieder zur Form der elektromagnetischen Energie gehören.

Man sieht, daß nach dieser Zusammenfassung nur zu unterscheiden, beziehlich weiter zu betrachten sind: Potentielle Energie der Gravitation, kinetische Energie und elektromagnetische Energie oder, wie man auch kurz sagen kann: Gravitationsenergie, Trägheitsenergie und elektromagnetische Energie. Da wir aber im Anschluß an Hasenöhrl Gravitation und Trägheit als Eigenschaften ausschließlich von Energie ansehen, so können Gravitationsenergie und Trägheitsenergie nur Energien schon vorhandener Energie sein: Energien, die zu vorhandener Energie hinzukommen, wenn besondere Umstände eintreten, nämlich räumliche Trennung von Energien bei Gravitation, wenn Kräfte diese Trennung bewirken, beziehlich Bewegung von Energie bei Trägheitsenergie (kinetischer Energie). Es handelt sich dann nur mehr um jene andere Energie, deren Zusatzformen diese beiden letzteren Energieformen sind, und diese andere Energie kann nur elektromagnetische Energie sein, da eine weitere Energieart nicht aufgetreten ist.

Wir werden daher für alle Energieformen in letzter Linie auf die elektromagnetische Energie verwiesen. Man kann behaupten: Alle Energie ist elektromagnetische Energie oder ist doch elektromagnetisch bedingt, ist nämlich je nach Umständen zusatzweise mit elektromagnetischer Energie verbunden. Es kann sich also Energie überhaupt nur dort finden, wo elektromagnetische Energie ist.

## 4. Sitz der Energie.

Wenn es die Energie ist — und zwar sogar ausschließlich —, der die Eigenschaft der Gravitation zukommt, so muß bei genügender Feinheit der Beobachtung auch der räumliche Sitz jeder Energiemenge stets auffindbar sein: es muß Energie grundsätzlich ebenso mit der Wage verfolgbar sein, wie man das längst für ihre besonders großen Anhäufungen, die Atome der Materie, gewohnt ist, seit Boyle, Black und Scheele die quantitative Chemie begründet haben. Es hätte aber auch gar keinen Sinn, das Gravitationsgesetz auf Energie anwenden zu wollen, wenn man außer den Energiemengen nicht auch ihre Abstände, d. i. ihre räumliche Verteilung sollte angeben können.

Es ist daher wohlberechtigt, der räumlichen Verteilung, welche Energie unter verschiedenen Umständen annehmen kann, nachzugehen, und wir tun dies in Ermangelung der genügend feinen Wägungsmittel an Hand bereits bekannter Tatsachen.

Dabei kommt, nach dem Vorhergehenden, vor allem die elektromagnetische Energie in Frage. Über deren räumliche Verteilung ist aber seit der Festigung von MAXWELLS Theorie durch HERTZ kein Zweifel: sie sitzt im elektromagnetischen Felde, verteilt nach Maßgabe der an jeder Stelle des Feldes vorhandenen elektrischen und magnetischen Kraft. Jedes Raumelement $d\tau$ enthält die Energie

$$dE = \frac{1}{8\pi}(X^2 + H^2)\, d\tau \quad , \ldots\ldots 2)$$

wenn $X$ die elektrische, $H$ die magnetische Kraft an der betreffenden (von Materie frei gedachten) Raumstelle ist. Man kann also auch sagen, elektromagnetische Energie sitzt stets an elektrischen und magnetischen Kraftlinien; ihre räumliche Verteilung ist danach stets bis in alle Einzelheiten bekannt, soweit nur MAXWELLS Gleichungen gelten. Im Inneren der Atome ist letzteres freilich nicht anzunehmen; jedoch ist gar kein Zweifel darüber möglich, daß die in den Atomen gegebenen, so äußerst reichen Anhäufungen von elektromagnetischer Energie eben in jenen kleinen, wenn auch etwas verwaschen begrenzten Räumen sitzen, welche nach der kinetischen Gastheorie oder der Kathodenstrahlabsorption den Atomen zukommen. Die Wägbarkeit der Atome und deren — soweit prüfbar — konstantes Gewicht bestätigen dies auch. Wie die Energie innerhalb der Atomräume verteilt ist und welche — von MAXWELLS Gleichungen abweichende — Eigenschaften die dortigen Kraftlinien etwa haben, dies kann für jetzt unerörtert bleiben. Jedoch sei bemerkt, daß alle gewöhnlichen, außerhalb der Atome verfügbaren elektromagnetischen Felder unserer Versuche sowie der Technik stets nur Atomen entnommen sind. Wird beispielsweise das Reibzeug von einer geriebenen Glasstange getrennt, so wird zwischen beiden ein elektrisches Feld geschaffen, das seinen Ursprung in der Abtrennung von Elektronen aus Atomen des Glases hat. Die Energie, welche dann an den langgezogenen Kraftlinien des Feldes sitzt, ist bei der Abtrennung unter Arbeitsleistung von außen her zugeführt worden; der Ursprung der vor der Trennung äußerst kurzen Kraftlinien lag aber doch in den Atomen; ohne die Atome hätte das Feld nicht geschaffen werden können. Auch die gänzlich in sich geschlossenen, von aller Materie völlig losgetrennten Kraftlinien der Lichtstrahlung und ähnlicher Ätherwellen haben ihren Ursprung in Atomen; denn alle diese Strahlungen kommen — soweit man weiß — nur aus Atomen.

Auch der Sitz von Trägheitsenergie (kinetischer Energie) ist nicht zweifelhaft. Diese Energie ist immer dort zu suchen, wo die bewegte Masse ist; denn sie verbreitet sich in oft unmittelbar verfolgbarer Weise von der bewegten Masse aus in die Umgebung, wenn die Geschwindigkeit der Masse vermindert wird, z. B. durch Reibungskräfte. Da aber Masse selbst Energie ist, ist die kinetische Energie nur als eine bei Beschleunigung eintretende Vermehrung schon vorhandener Energie anzusehen, und da sie auch denselben Sitz hat wie die letztere, so ist anzunehmen, daß sie auch an elektromagnetischen Kraftlinien sitzt, die zu letzterer gehören. Demnach würde beispielsweise der Energieinhalt der elektromagnetischen Atomfelder eines durch Muskelkraft beschleunigten Körpers zunehmen, indem die der Beschleunigungsarbeit entsprechende Energiemenge aus den elektromagnetischen Feldern des Muskels in die des angetriebenen Körpers wandert.

Die Energie von Licht ist als rein kinetische Energie anzusehen, da das Licht keine Ruhmasse hat. Mit Vernichtung der Geschwindigkeit $c$ der Lichtenergie, wie bei Absorption des Lichtes, wird die gesamte Lichtenergie verfügbar, ohne daß eine Ruheenergie übrigbleibt wie etwa bei Vernichtung der Geschwindigkeit bewegter Atome. Es stimmt dies auch damit überein, daß in der elektrischen Welle sowohl magnetische als elektrische Kraftlinien in sich geschlossen sind, so daß beide ohne ihre mit Lichtgeschwindigkeit erfolgende Fortbewegung in sich zusammenschrumpfen würden. Auch für die so als kinetisch erkannte Energie der elektromagnetischen Wellen gilt es, daß sie an elektromagnetischen Kraftlinien sitzt. Kinetische Energie sitzt wohl stets nur an geschlossenen Kraftlinien, Ruhenergie an mit Enden versehenen elektrischen Kraftlinien.

Es geht aus alledem hervor, daß Trägheitsenergie (kinetische Energie) überhaupt nichts anderes ist als wieder nur elektromagnetische Energie; sie ist derjenige Teil der gesamten elektromagnetischen Energie eines gegebenen Kraftliniensystems, welcher mit dem Bewegungszustand desselben zusammenhängt. Als einwandfreie, allem Bekannten gegenüber befriedigend durchführbare Definition der kinetischen Energie kann gelten: Sie ist derjenige Teil der Energie, welchen man dem betreffenden System entziehen muß, um es zur Ruhe zu bringen. Bezeichnet man danach die kinetische Energie mit $e_k$, die Gesamtenergie mit $E$ und die im Ruhzustand vorhandene Energie — Ruhenergie — mit $e_0$, so gilt definitionsgemäß

$$e_k = E - e_0 \quad 3)$$

und entsprechend auch $m_k = M - m_0$, wo $M$ die Gesamtmasse, $m_k$ die Masse der kinetischen Energie und $m_0$ die Ruhmasse ist.[1])

[1]) Setzt man $m_0 = M\sqrt{1 - v^2/c^2}$, was nur Folgerung aus $M = E/c^2$ und dem Galilei-Newtonschen Grundgesetz ist, so wird für kleine $v$ $e_k = M\,v^2/2$ ent-

Daß kinetische Energie stets relativ ist, ist alltägliche Erfahrung. Eine bewegte Masse hat bei unverändertem Bewegungszustand mehr oder weniger kinetische Energie, je nachdem man sie in Beziehung zu mehr oder weniger verschieden bewegter Umgebung betrachtet; gegenüber gleichbewegter Umgebung hat sie gar keine kinetische Energie. Es ist aber nicht etwa die Gesamtenergie $E$, welche je nach der Umgebung sich ändert, sondern die Ruhenergie $e_0$ ist das Relative; gegenüber der Umgebung von gleichem Bewegungszustand ist die unveränderte gesamte Energie der bewegten Masse Ruhenergie, und daher ist die kinetische Energie $e_k$, als Differenz beider (Gl. 3), Null. Mit der Ruhenergie ist auch die Ruhmasse $m_0 = e_0/c^2$ relativ.[1]) Schwere, Gravitation sind dagegen nicht relativ, denn sie gehören der durch die nicht relative Gesamtenergie $E$ gegebenen Gesamtmasse $M$ an.

Es ist hervorzuheben, daß Ruhmasse und Ruhenergie nicht nur in bezug auf das Vergleichssystem, gegenüber welchem die Geschwindigkeiten gemessen werden, relativ ist, sondern daß diese beiden Größen auch bei festgehaltenem Vergleichssystem sich ändern können. Es geschieht dies, wenn die Geschwindigkeit durch Gravitationskräfte sich ändert (vgl. das hier und im Abschn. 5 über Gravitationsenergie Folgende).[2]) Befindet sich beispielsweise ein Körper in Wurfbewegung senkrecht nach oben, so ist seine Ruhenergie (und Ruhmasse) unten kleiner als oben. Denn man muß ihm unten mehr Energie entziehen als oben, um ihn zur Ruhe zu bringen; am höchsten Punkte der Bahn ist seine Ruhenergie am größten und gleich seiner längs der ganzen Wurfbahn konstanten Gesamtenergie. Wir kommen hierauf im Abschnitt 5 zurück.

Es waren ursprünglich Gesichtspunkte der Anwendung des Energieprinzips, vom Standpunkte des sinnlich unmittelbar Wahrnehmbaren,

---

sprechend der gewöhnlichen (für sehr große Geschwindigkeiten nicht brauchbaren) Berechnungsweise der kinetischen Energie (vgl. bereits G. N. Lewis, Phil. Mag. 16, S. 715, 1908). Ein Festhalten an „$Mv^2/2$" als Definition der kinetischen Energie könnte nur die, gegenwärtig allerdings sehr verbreitete Verirrung zum Ursprung haben, an mathematische Formeln sich zu halten, statt an Wirklichkeitsgedanken.

Daß die so aufschlußreiche Beziehung $m_0 = M\sqrt{1 - v^2/c^2}$ keineswegs die sog. Relativitäts„theorie" zur Voraussetzung hat — was gewöhnlich angegeben wird — habe ich früher schon eingehend gezeigt („Äther und Uräther", 1922).

[1]) Die von mir früher schon hervorgehobene Massen-Relativität („Äther und Uräther" 1922, S. 53, 54) ist demnach nur auf die Ruhmasse zu beziehen.

[2]) Es gilt für diese Änderung die Gleichung $m_0 = M\sqrt{1 - v^2/c^2}$ (vgl. S. 12 Anm. 1).

welche zur Abtrennung eines Teiles der Gesamtenergie eines Systems unter dem Namen der „kinetischen Energie“ geführt haben. In Wirklichkeit sitzt die gesamte Energie an den elektromagnetischen Kraftlinien des Systems. Der je nach willkürlicher Wahl des Vergleichssystems ganz willkürlich und ohne weiteres verschieden groß zu machende Teil davon, der als kinetische Energie bezeichnet wird, kann allerdings bestimmten (magnetischen) Kraftlinien zugeschrieben werden, worauf wir indessen hier nicht weiter eingehen.[1])

Die Gravitationsenergie (potentielle Energie der Gravitationskräfte) würde man, nach Analogie des elektrischen Feldes, in dem Raum zwischen den gravitierenden Massen verteilt suchen können. Indessen Gravitation wird nicht nur nicht durch elektrische oder magnetische Felder vermittelt, sondern es sind vielmehr diese Felder (zu welchen auch die Atome gehören) selbst das Gravitierende; denn wir finden sie als Sitze von Energie, also von Masse. Die Analogie zwischen Gravitations- und elektromagnetischen Feldern versagt also vollkommen. Würde man die potentielle Gravitationsenergie im Raume zwischen Sonne und Erde — beispielsweise — verteilt annehmen wollen, so hätte man damit in diesem Raume Massen verteilt, die selbst der Gravitation unterlägen, und es wäre ohne besondere Zusatzannahmen nicht einzusehen, warum diese Massen der Gravitationsenergie nicht zur Sonne und Erde herabfallen sollten.[2]) Es ist daher das Nächstliegende, die potentielle Gravitationsenergie nur an den gravitierenden Massen selbst sitzend anzunehmen. Da aber diese Massen schon an sich Energie sind, die, wie wir fanden, an elektromagnetischen Kraftlinien sitzt, so kommen wir dazu, die Gravitationsenergie — wie vorher schon die Trägheitsenergie (kinetische Energie) nur als eine gewisse Vermehrung derjenigen Energie anzusehen, welche als elektromagnetische Energie an den Kraftlinien der gegeneinander gravitierenden Massen stets ihren Sitz hat.

Als das Besondere der Gravitationsenergie zeigt sich in unserer Auffassung, daß sie nicht erst in die Massen einwandert, wenn Gravitationskräfte an ihnen Arbeit leisten, sondern daß sie in ihnen

[1]) Siehe hierüber „Äther und Uräther“ 1922, S. 54.

[2]) Beim elektrischen Felde ist es etwas anderes. Die potentielle Energie eines solchen Feldes sitzt tatsächlich an den Kraftlinien zwischen — beispielsweise — den entgegengesetzt geladenen Kondensatorplatten. Daß die Kraftlinien durch ihre unzweifelhaft vorhandene Schwere in dieser ihrer Verteilung nicht merklich gestört werden, dies liegt an den bekannten, durch Tatsachen bereits gegebenen Eigenschaften dieser Kraftlinien (der Spannung und ihrem gegenseitigen Drängen).

immer schon vorrätig sein muß. Bei allen anderen Kräften findet dagegen Energieübertritt in die von ihnen beschleunigten Massen statt (s. hierzu weiter Abschn. 5).

Es tritt dadurch ein tiefgreifender Unterschied zutage zwischen der massenproportionalen Gravitation und allen anderen, nicht massenproportionalen Kräften. Man könnte zur besseren Festhaltung dieses Unterschiedes auch die alten Namen „konservative“ und „dissipative“ Kräfte (in nur wenig veränderter Bedeutung) wiederaufnehmen. Gravitation ist die allein konservative, nämlich ohne Energiewanderung wirkende Kraft, während alle anderen Kräfte Energiewanderungen zur Folge haben (vgl. Abschn. 5).

Damit ist nicht nur die Gravitationsenergie ebenfalls an elektromagnetische Kraftlinien verlegt, sondern sie erscheint auch vollkommen gleichartig der Trägheitsenergie. Letzteres entspricht aber ganz der stets mit aller erreichbaren Genauigkeit bestätigten Proportionalität von Gravitation und Trägheit (Gewicht und Masse).

Als Gesamtergebnis unserer Untersuchung über die räumliche Verteilung der Energie fanden wir somit: daß Energie in allen ihren Formen stets und ausschließlich an elektromagnetischen Kraftlinien sitzt. Anderswo als in elektromagnetischen Feldern fanden wir keine Energie. Die größten Energieanhäufungen finden sich in den elektromagnetischen Feldern der Atome der Materie. Ein anderer Teil der vorhandenen Energie findet sich in den außerhalb der Atome verfügbaren elektrischen und magnetischen Feldern, die aber auch nur aus Atomen stammen, und in den elektromagnetischen Feldern von unterwegs befindlichem Licht und verwandten Strahlungen, die aber wieder nur, soweit man weiß, aus Atomen kommen. Diesen elektromagnetischen Energien ist mit gleichem Sitz an den Kraftlinien auch alle kinetische und alle potentielle Energie zugesellt. Wärme und chemische Energie sind damit ebenfalls erledigt, wie schon von vornherein zu bemerken war.

## 5. Energie-Wanderungen.

Energie kann, nach dem Bemerkten, nur an oder mit Kraftlinien wandern; denn wir fanden sie nirgends abgesondert von Kraftlinien.

Wird Energie mittels fester Körper übertragen, wie es in Maschinen geschieht, z. B. wenn an einer Stange oder am Seile eines Flaschenzuges gezogen wird, so wandert die an der einen Stelle in den Übertragungs-Körper gebrachte Energie durch die elektromagnetischen Felder der Molekularkräfte des Körpers bis an die andere Stelle desselben, wo sie weiter verfügbar wird. Sie kann sich dort etwa an einem gehobenen Gewicht häufen als dessen potentielle Gravitationsenergie. Daß das Seil oder die Stange dabei in einer dem Energiefluß, der in ihm stattfindet, entgegengesetzten Richtung sich bewegt, ist von keinerlei Belang. Denn auch die Geschwindigkeit dieser Bewegung hat mit dem Energiefluß nichts zu tun; man kann die gleiche Leistung (Energiemenge in der Zeiteinheit) mit kleiner oder großer Körpergeschwindigkeit übertragen, je nachdem die angewandte Kraft groß oder klein ist.

Betrachtet man eine elastische Schwingung, wie etwa an der Unruhe einer Uhr, so sieht man dauernd eine gegebene Energiemenge aus den molekularen Kraftfeldern des elastischen Körpers in die schwingende Masse und wieder zurück hin und her wandern. Die Wanderung erfolgt ausschließlich innerhalb der materiellen Körperteile, die das Ganze zusammenhalten.

Anders ist es bei einem Schwere-Pendel. Hier bleibt die Energie nicht nur dauernd im Pendelkörper, sondern sie sitzt im wesentlichen sogar dauernd in denselben Molekülen desselben. Vorkommende Wanderungen, entsprechend den wechselnden elastischen Beanspruchungen des Pendelkörpers und der Aufhängung, sind nebensächlich und können beliebig verringert werden.

Ganz ebenso ist es bei einem nach aufwärts geworfenen Körper (im Vakuum). Die beim Wurfe ihm mitgeteilte „kinetische" Energie bleibt in ihm, verteilt in seinen Atomen, auch wenn sie — bei senkrechtem Wurf — am höchsten Punkte der Bahn ganz „potentiell" geworden ist. Man sieht aus solchen Beispielen, wie die Unterscheidung von kinetischer und potentieller Energie im Falle der Gravitation fast ebenso nur zugunsten möglichst einfacher Anwendungen des Energieprinzips auf gewöhnliche Fälle getroffen ist, wie etwa die Unterscheidung von Wärme oder chemischer Energie als besonderer Energieformen. In Wirklichkeit ist — soweit unsere Einsichten gehen — am Energieinhalt des geworfenen Körpers gar keine Änderung zu bemerken. Was sich während seiner Bewegung ändert, ist nur der Teil der Gesamtenergie des Körpers, welchen wir oben als Ruhenergie bezeichnet haben, dessen Differenz mit der unveränderten Gesamtenergie jeweils den Energieteil gibt, welcher kinetisch genannt wird (siehe Gl. 3). Am obersten Punkt der Bahn des senkrecht geworfenen Körpers erscheint die ganze Energie des Körpers als Ruhenergie, insofern er gegen die Umgebung ruht. An jedem tiefer gelegenen Punkte ist die Ruhenergie kleiner (die kinetische also entsprechend größer); es muß dem Körper dort Energie entzogen werden, wenn er zur Ruhe kommen soll.[1]

[1] Eben auf solche Energie-Entziehung (oder Zufuhr) durch andere als Gravitations-Kräfte (dissipative, nicht massenproportionale Kräfte) bezieht sich die Gl. $m_0 = M\sqrt{1 - v^2/c^2}$ (vgl. Abschn. 4).

Nicht anders steht es aber im Falle der **Planetenbewegungen**, wo auch nur Gravitationskräfte wirken. Der Energieinhalt des Merkur, beispielsweise, ist im Perihel derselbe wie im Aphel. Es bleibt daher auch seine Masse (Trägheit) dauernd ungeändert; die Massenabhängigkeit von der Geschwindigkeit spielt somit hier keine Rolle.[1]) Es wäre nach unseren Ergebnissen ein anderer Grund für die Perihelverschiebung des Merkur zu suchen.[2])

Wirken dagegen an Stelle der Gravitation **elektrische** (**oder magnetische**) **Kräfte**, so ist es anders. Die potentiellen Energien dieser Kräfte sitzen in bekannter Weise in deren Felde verteilt. Arbeiten diese Kräfte, so verschwindet ein Teil des Feldes, und die Energie wandert aus den sich verkürzenden Kraftlinien gegen die Zentren derselben, wo sie dann in Gestalt von deren kinetischer Energie sich anhäufen kann. Wird beispielsweise ein Elektron im elektrischen Felde beschleunigt, so nimmt es Energie aus diesem Felde auf, und seine Masse wird um die Masse dieser Energie vermehrt. Eben dies ist experimentell nachweisbar gewesen durch die Messungen des Verhältnisses $e/m$ von Ladung zu Masse des Elektrons an Kathodenstrahlen verschieden gesteigerter Geschwindigkeit. Es zeigte sich bei der Geschwindigkeit $v$ die Masse $m = m_0 / \sqrt{1 - v^2/c^2}$, wo $m_0$ die bei $v = 0$ vorhandene Masse — Ruhmasse — ist.[3]) Dies entspricht der Masse $E/c^2$ der Energiemenge $E$[4]) und bildet damit den direkten experimentellen Beweis für die Richtigkeit dieser Massenberechnung der Energie (Gl. 1).[5]) Die Messungen von $e/m$ bei verschiedener Kathoden-

---

[1]) Es sei hierbei der Veröffentlichung von Herrn v. Gleich gedacht (Ann. der Phys. 72, S. 221, 1923), in welcher die Perihelverschiebung des Merkur in Zusammenhang mit dieser Massenabhängigkeit behandelt wird, was unter allen Umständen verdienstvoll war. In der Auffassung, zu welcher wir jetzt gelangt sind, hat dies aber die Grundlage verloren.

[2]) Es käme außer den Zodiakal-Massen und sonst schon Vermutetem vor allem die Frage eines Einflusses der Geschwindigkeit auf die Gravitationswirkung in Betracht, worauf wir weiter unten eingehen (Abschnitt 6).

[3]) Die Zusammenstellung der hierher gehörigen Experimentaluntersuchungen und ihrer Einzelergebnisse siehe in historischer Folge bei F. Wolf, „Schnell bewegte Elektronen" (Vieweg 1925) S. 14—37 und nach methodischen Gesichtspunkten in Wien's Handbuch Bd. 14, Beitrag Kathodenstrahlen (Lenard und Becker) S. 405—427.

[4]) Vgl. „Äther und Uräther" (Leipzig 1922) S. 46—49.

[5]) Setzte man den Faktor $\frac{4}{3}$ zu $E/c^2$, wie noch in Hasenöhrls Veröffentlichungen von 1904, so würde $m = m_0 / \sqrt{1 - v^2/\frac{3}{4}c^2}$, und es würde damit nicht $c$ sondern $\frac{1}{2}\sqrt{3}\,c = 0{,}87\,c$ die höchste mögliche, nur bei unendlich großem Energieaufwand erreichbare Geschwindigkeit von Elektronen. Daß letzteres aber nicht zutrifft, dies wurde schon im Jahre 1903 durch die Messungen von Herrn

strahlen-Geschwindigkeit haben auch gezeigt, daß die Anhäufung der Energie (Masse) der Elektronen bei gesteigerter Geschwindigkeit jedenfalls in kleinem Raum um die Elektronen stattfindet; denn die zu den Messungen benutzten elektrischen und magnetischen Felder wurden mit dem Erfolg guter Übereinstimmungen immer nur längs der Strahlbahn ausgewertet, und es kam nicht auf die weitere Umgebung der Strahlen an. Unbekannt ist freilich das Genauere über Sitz und Gruppierung der Energiemassen des Elektrons. Man kann annehmen daß auch bei den Elektronen die Energie an elektrischen (und magnetischen) Kraftlinien sitzt, wie in jedem elektromagnetischen Felde; doch darf nicht vergessen werden, daß die Beschaffenheit des Feldes in nächster Nähe der negativen, wie auch der positiven Elementarquanten der Elektrizität noch gänzlich unbekannt ist. Daß Maxwells Gleichungen jedenfalls innerhalb der Atomräume keine allgemeine Giltigkeit mehr haben, dies ist aus dem quantenhaften Arbeiten der Atome[1]) ohne weiteres ersichtlich; denn die Energiequanten kommen in Maxwells Gleichungen nicht vor. So muß auch die gebräuchliche Berechnung der Durchmesser der elektrischen Elementarquanten (aus der Annahme „elektromagnetischer" Masse) als willkürlich angesehen werden (wie alle Rechnungen mit „starrem", „deformierbarem" usw. Elektron), und wir können nicht weiter darauf eingehen. Es ist anzunehmen, daß die so reichlich offene experimentelle Erforschung des Atominneren, besonders überlegt vom Energiestandpunkt aus, fehlende weitere Einsichten um so eher liefern wird, je weniger die Forscher von allerlei sogenannten „Theorien" sich beeinflussen lassen.

Die großartigsten, umfassendsten Energiewanderungen finden im Himmelsraum mittels der elektromagnetischen Wellen des von den Sonnen und den anderen energiereichen Gestirnen ausgehenden Lichtes statt. Die Wanderung erfolgt hier mit Lichtgeschwindigkeit,

---

Kaufmann ersichtlich, da in denselben sogar 0,94$c$ zweifellos erreichbar war. Es konnte daher alsbald daran gedacht werden, Hasenöhrls Faktor $\frac{4}{3}$ der Einheit näher zu bringen oder durch diese zu ersetzen, was auch den dann von H. A. Lorentz (1904) aufgestellten Gleichungen entspricht und 1905 auch in Herrn Einsteins damals begründeter „Relativitätstheorie" erscheint.

[1]) Daß die Energiequanten (Lichtquanten), so maßgebend sie für die Ausstrahlung jedes einzeln Atoms sind, im fertig ausgestrahlten, stets von sehr vielen Atomen kommenden Licht keineswegs — wie anfänglich wohl gedacht — getrennt vorhanden anzunehmen sind, etwa in Gestalt gesonderter Wellenzüge, dies habe ich — als widerspruchsfrei durch alle Erfahrung angezeigt — im Beitrag „Lichtelektrische Wirkung" in W. Wiens Handbuch (Bd. 23, S. 1072—1080) auseinandergesetzt (vgl. auch bereits Ann. d. Phys. 73, S. 90, Fußnote 2, 1923).

die stets relativ zum Äther besteht, in welchem das Licht läuft.[1]) Das Besondere dabei ist, daß diese Wellen keine Ruhmasse und keine Ruhenergie besitzen.[2]) Wenn aber die Ruhenergie $e_0$ stets Null ist, so ist die gesamte Energie $E$ stets kinetisch (Gl. 3). Es kann daher kein Teil der Energie $E$ in potentielle Energie sich verwandeln, und daher muß mit der Ruhenergie auch zugleich die potentielle Energie des Lichts stets Null sein. Geht daher Licht von einem Gravitationszentrum, wie der Sonne, weg, so wird keine potentielle Energie aufgespeichert. Es wird also der Energieinhalt des ausgestrahlten Lichtes nicht nur ungeändert bleiben, ebenso wie der des vorher betrachteten, aufwärtsgeworfenen Körpers, sondern es wird auch die Geschwindigkeit ungeändert bleiben. Daß die Energie auch bei der Lichtwelle nicht von deren elektromagnetischen Kraftlinien sich trennt, ist in der hier gewonnenen Auffassung unmittelbar auch daraus verständlich, daß ein anderes, angrenzendes Kraftlinienfeld, in welches die Energie abgehen könnte, nicht vorhanden ist. Hiernach erscheinen alle bei einer früheren Gelegenheit betrachteten Möglichkeiten, das von den Sonnen ausgestrahlte Licht betreffend, ausgeschlossen; wir finden jetzt weder Verlangsamung, noch Rotverschiebung, noch Intensitätsabnahme des Lichtes angezeigt.[3])

Wir finden also auch unter Mitwirkung von Gravitation die Wellengeschwindigkeit $c$ des Lichtes aufrechterhalten. Quer zum Strahl jedoch kommt die Gravitation des Energieinhaltes zur Geltung, wie es die Lichtstrahlablenkung am Sonnenrand zeigte.[4]) Nur müßte nach unserem Ergebnis die Berechnung der Strahlkrümmung etwas anders durchgeführt werden als einst von Soldner[5]), der für den Lichtstrahl dieselbe hyperbolische Bahn annahm, wie für einen mit Lichtgeschwindigkeit gegen die Sonne kommenden Körper. Denn wir haben Ursache gefunden (vgl. Abschnitt 6), für das Licht eine abgeänderte, nur die Bahnform, nicht die Bahngeschwindigkeit beeinflussende Gravitationswirkung anzunehmen, was aber allerdings das Endergebnis — den Ablenkungswinkel des Strahls — nur wenig beeinflussen dürfte.

[1]) Vgl. „Über die Lichtfortpflanzung im Himmelsraum", Ann. der Phys. 73, S. 91, 1923 (es ist dort, Zeile 6 v. u., wie leicht ersichtlich, statt Wellenfront Wellenlänge zu lesen).

[2]) Siehe hierzu und zum Folgenden Abschnitt 4.

[3]) Siehe über diese Möglichkeiten Ann. der Phys. 73, S. 100 und ff., 1923. Intensitätsabnahme war, wie ich nachträglich fand, auch schon von I. F. Comstock berechnet worden (Phil. Mag. 15, S. 15, 1908).

[4]) Siehe auch Abschnitt 6 und, den Vergleich von Beobachtung und Rechnung betreffend, Ann. der Phys. 65, S. 593, Fußnote 2, 1921.

[5]) Siehe Ann. d. Phys. 65, S. 593, 1921.

## 6. Gravitationsgesetz.

Was wir soeben aus der Betrachtung der Gravitationswirkung auf das Licht schlossen, kommt in unmittelbar ersichtlicher Weise einer Abänderung des Gravitationsgesetzes oder auch der Angabe einer Gültigkeitsgrenze für dasselbe gleich. Wir fanden einen Fall von Nichtgeltung des Gesetzes in seiner gewöhnlichen Form, wenn nämlich eine der gravitierenden Massen (Energien) Lichtgeschwindigkeit hat. Es wäre zu vermuten, daß die Giltigkeit schon in der Nähe der Lichtgeschwindigkeit merklich aufhört. Es zeigte sich jedoch für die Nichtgiltigkeit nur die in der Verbindungslinie der beiden gravitierenden Massen liegende Geschwindigkeitskomponente maßgebend; eine dazu senkrecht gerichtete Geschwindigkeit erschien einflußlos [1]), wie eben die Lichtstrahlkrümmung am Sonnenrand zeigte. Man könnte mit dieser bisherigen, allerdings geringen Kenntnis vermutungsweise als ein auch für große Geschwindigkeiten geltendes Kraftgesetz etwa hinstellen:

$$\frac{m_1 \cdot m_2}{r^2} \cdot \sqrt{1 - \left(\frac{dr/dt}{c}\right)^2} \quad {}^{2)} \ldots\ldots\ldots 4)$$

Bemerkenswert ist dabei, daß wir nicht auf eine Verspätungserscheinung, entsprechend etwa einer bestimmten Ausbreitungsgeschwindigkeit der Gravitation kamen, sondern nur auf ein Versagen der Gravitation bei zu großer Geschwindigkeit $dr/dt$ in der Verbindungslinie der Massen $m_1$ und $m_2$. Da die Lichtgeschwindigkeit $c$ — eine Ätherkonstante — dabei maßgebend ist, kann man vermuten, daß die Gravitationskräfte durch denselben Äther vermittelt werden, der auch die elektrischen und magnetischen Kräfte trägt, daß es also dieser Äther (oder Uräther) ist, mittels dessen jede Energiemenge (d. i. auch jedes Atom) der Welt tatsächlich überall — bis in größte Entfernungen — mit ihrer Gravitationswirkung hinreicht. [3])

---

1) Dieses Ergebnis des verschiedenen Einflusses der Geschwindigkeit, je nach der Richtung der Kraft, trifft ganz zusammen mit dem für elektrische Kräfte von mir früher hervorgehobenen („Äther und Uräther" 1922, S. 56—58). Die dort angekündigte, damals in Gang gesetzte Experimentaluntersuchung über elektrische Kraftwirkung auf sehr schnell bewegte Elektronen war von Herrn Franz Wolf gut gefördert worden; die fertige Durchführung scheiterte am Fehlen der sehr großen Radiummenge, die als erforderlich erkannt wurde.

2) Es wäre angezeigt, mit solchem Kraftgesetz die Merkurbahn neu zu berechnen.

3) Es ist gewiß bemerkenswert, daß hiernach jedes Atom überall ist, wenn auch seine Energie auf den Raum seines (immerhin verwaschen begrenzten) Eigenvolums eingeschränkt ist (Abschnitt 4).

Daß wir bei unserer Gravitationsbetrachtung keinen Unterschied machten zwischen den Massen elektromagnetischer Strahlung und materiellen Massen, dies entspricht der Annahme, zu welcher wir kamen, daß alle Massen nur Energiemassen und in der Trägheitswirkung alle einander gleich sind (Abschnitt 2).

Daß bei den mit Lichtgeschwindigkeit bewegten Massen elektromagnetischer Strahlung, denen die Gravitationswirkung in Bewegungsrichtung fehlt, dennoch die Trägheitswirkung vorhanden ist (wie es der Anwendung des Massenbegriffes entspricht), dies zeigt besonders auch die Erscheinung der Aberration, welche allein schon aus dem einer trägen Masse zukommenden gradlinigen, durch Querbewegung des Äthers nicht abgelenkten Lauf der Lichtstrahlen verständlich wird. [1])

### 7. Veränderlichkeit des Energieinhaltes elektromagnetischer Felder durch Gravitationswirkung.

Einer besonderen Betrachtung bedarf noch die potentielle Energie der Gravitation der Materie (kurz Gravitations-Energie) in quantitativer Hinsicht. Über den Sitz dieser Energie kann kein Zweifel sein (vgl. Abschnitt 4); sie sitzt in den elektromagnetischen Kraftfeldern, die selbst das Gravitierende sind.

Was die Verteilung der Gravitations-Energie zwischen den einzelnen gravitierenden Körpern angeht, so ist sie durch das Schwerpunktsprinzip bestimmt. Sind $M$ und $m$ die beiden gegeneinander gravitierenden Massen, z. B. Erde und ein in Hebung befindlicher Körper auf ihr, so müssen die Wege der beiden nach dem Prinzip wie $m : M$ sich verhalten. Die bei der Hebung gegen die, nach Newtons drittem Bewegungsgesetz einander gleichen Gravitationskräfte an den beiden Massen, z. B. Erde und Körper, geleisteten Arbeiten und damit die an dieselben übertragenen Energien, die dann als potentielle Gravitationsenergien an denselben aufgespeichert sind, verhalten sich daher ebenfalls wie $m : M$. Im Beispiel Erde-Körper

---

[1]) Siehe Astr. Nachr. 224, S. 351—355, 1925. Die dort ebenfalls erläuterte Nichtrelativität der Aberration ist kürzlich in einer zusammenfassenden Darstellung in W. Wiens Handbuch (Bd. 18 „Optik der bewegten Körper", S. 50. 51), die einen durchsichtigen Überblick erwarten ließ, ausweichend versteckt worden. Es sei daher zu solchem Überblick hier nochmals die a.a.O. (Astr. Nachr.) hervorgehobene Unterscheidung zwischen „Aberration "schlechthin und „praktischer Aberration" der Beachtung empfohlen. Die Bezeichnung verschiedener Dinge mit demselben Namen und die damit zusammenhängende gelegentliche Verwechslung derselben spielt in der Literatur weit häufiger eine Rolle als man meinen möchte (vgl. zu letzterem auch H. Zimmermann, „Zur Relativitätstheorie", Verlag Ernst & Sohn, Berlin 1924).

geht also fast die ganze Energie an den Körper; eben an ihm findet sie sich aber auch als kinetische Energie, wenn er wieder herunterfällt. Die kinetischen Energien beim Wiederzusammenfallen der beiden Massen verhalten sich nämlich, da ihre Geschwindigkeiten nach dem Schwerpunktsprinzip wie $m : M$ sich verhalten müssen, wie $m^2 M : M^2 m = m : M$, was wieder dasselbe Teilungsverhältnis ist wie das der potentiellen Energie. Es ist also beim Zusammenfallen der beiden Massen, wo nur Gravitation und Trägheit gegeneinander wirken, keiner derselben wieder Energie zugegangen noch entnommen worden, ganz wie es nach unserer allgemeinen Einsicht sein muß (Abschnitt 5), wenn die Massen ohne Beeinflussung von angrenzenden elektromagnetischen Kraftfeldern sich bewegen, welche allein Energie-Ab- oder Zuwanderung vermitteln könnten.

Die besondere, noch vorhandene Frage ist die nach der gesamten Menge potentieller Gravitations-Energie, die in einer gegebenen (Energie-)Masse, als Zusatz eben dieser Masse, aufgespeichert sein muß, damit die Masse stets fähig sei, alle Energieabgaben zu leisten, die im Gefolge der Gravitationsbewegungen erfahrungsmäßig auftreten können. Diese Energiemenge kann leicht als sehr groß geschätzt werden; denn die Zahl der Gravitationszentren im Himmelsraum ist sehr groß, und mit jedem dieser Zentren hat jede gegebene Masse — soviel man weiß — potentielle Gravitationsenergie, die bei den großen Abständen nicht klein sein kann.

Zur Berechnung dieser Gesamtmenge potentieller Gravitationsenergie hat man sämtliche Atome aller Himmelskörper so nahe und so vollständig in einen einzigen Zentralkörper zusammenfallen zu lassen, als dies der Natur der Dinge nach möglich ist; die dabei verfügbar werdende Gravitationsarbeit ist die gesuchte Gesamtenergiemenge.

Zur Ausführung der Rechnung bezeichne $m$ die Masse, $r$ den Radius, $s$ die Dichte des entstehenden Zentralkörpers, $\gamma$ die Konstante des Gravitationsgesetzes und $a$ die zu berechnende Energiemenge. Es ist dann, da die Anfangs-Abstände der zusammenfallenden Massen als sehr groß anzunehmen sind, $da = \gamma m \, dm / r$, was mit $r = \sqrt[3]{3m/4\pi s}$ nach Integration von $m = 0$ bis $m = m$ ergibt $a = \frac{3}{5} \gamma \sqrt[3]{4 \pi s m^5 / 3}$. Die Masse dieser Energie ist $a/c^2$, und der fragliche Bruchteil $\beta$ dieser Energiemasse, welcher auf 1 *gr* der zusammenfallenden Masse $m$ als Masse der potentiellen Gravitations-Energie entfällt, ist demnach

$$\left.\begin{aligned} \beta &= \frac{a}{c^2 m} = \frac{3}{5} \frac{\gamma}{c^2} \sqrt[3]{\frac{4\pi}{3} s m^2}, \\ \text{d. i. in CGS-Einheiten} \quad \beta &= 7 \cdot 2 . 10^{-29} \sqrt[3]{s m^2}. \end{aligned}\right\} \quad 5)$$

Setzt man $m = 1{,}6 \cdot 10^{42}\,gr$, was der Gesamtmasse des Milchstraßensystems etwa gleichkäme, so wird, selbst wenn man keine höhere Dichte als $s = 1\,gr/cm^3$ annimmt, $n\beta = 1$. Dies würde in nächstliegender Deutung nach bekannten Vorgängen besagen, daß die Gesamtmasse der Materie des Milchstraßensystems, bei der gedachten Vereinigung in einen einzigen Körper unter der Wirkung der Gravitationskräfte, so verschwinden könnte, wie potentielle Gravitations-Energie gewöhnlich verschwindet, nämlich daß sie in Wärme umgewandelt sich weiter verbreitet, was in unserem Falle durch Ausstrahlung in den Raum erfolgen würde. Diese Deutung nach bekannten Vorgängen schließt aber doch viel Unbekanntes in sich. Das eben gedachte Wiederhinauswandern der gesamten zusammengefallenen Masse in Gestalt elektromagnetischer Wellen (oder auch anderer Strahlung) würde die restlose Verwandlung ganzer Atome in elektromagnetische (oder auch andere) Strahlung bedeuten. Da Derartiges bisher nicht beobachtet ist [1]), ist es vorerst das Gegebene, irgendein in der Natur der Dinge gelegenes Hindernis anzunehmen, das der gravitierenden Vereinigung so ungeheurer Massen entgegensteht und das somit unsere Rechnung mit dem Ergebnis $\beta = 1$ ungiltig macht (den zugrunde gelegten Gedankenversuch als unerlaubt zeigt).[2]) In der Tat sind Massenanhäufungen der eben betrachteten Größe bisher nirgends im Himmelsraum beobachtet worden, und es könnte der Strahlungsdruck sein, welcher solche Anhäufungen verhindert. Läßt man selbst weniger Massen sich vereinigen, als wir annahmen, etwa nur $m\,5 \cdot 10^{37}\,gr$ (rund 2000 Sonnenmassen), so würde dies — solange der Strahlungsverlust noch unwesentlich ist — eine Temperatur ergeben, die selbst bei einer spezifischen Wärme von $1\,grkal/gr\,{}^0C$ etwa $10^{10}\,{}^0C$ betrüge, und bei solcher Temperatur ist der mit deren 4. Potenz wachsende Strahlungsdruck ohne Zweifel so groß, daß er die Massen wieder auseinandertreiben müßte. Es scheint daher eben im Strahlungsdruck ein natürliches Hindernis gegen noch größere Massenanhäufungen vorzuliegen, zumal die Ausstrahlung ein sehr langsamer Vorgang ist, da sie nur von der Oberfläche aus stattfindet. Außerdem würde eine Massenanhäufung von der Größenordnung $10^{42}\,gr$ bei der Dichte $s = 1\,gr/cm^3$ Geschwindigkeiten der heranfallenden Massen ergeben, die — nach dem gewöhnlichen Gravitationsgesetz gerechnet — schon an die Lichtgeschwindigkeit kämen, und wir fanden

---

[1]) Astronomen rechnen allerdings mit derlei; doch gehört dies zu den jetzt allerdings sehr beliebten und hocheingeschätzten mathematischen Romandichtungen (meist „Theorien" genannt). (Noch vor nicht langer Zeit konnte Astronomie als wohl die zuverlässigste Wissenschaft gelten.)

[2]) Vgl. dazu die Fußnote über Gedankenversuche im Abschnitt 1.

oben (Abschn. 6) Grund zur Annahme, daß dann die Gravitation versagt, was auch wieder bedeuten würde, daß $\beta = 1$ nicht möglich ist, sondern daß $\beta < 1$ sein muß[1]).

Nimmt man $m = 5 \cdot 10^{37}\,gr$ als derartig bedingte Höchstgrenze von Massenanhäufung an (was mit $s = 1\,gr/cm^3$ nur Endgeschwindigkeiten unter $\frac{1}{10}c$ ergäbe), so folgt (Gl. 5) $\beta = \frac{1}{1000}$ als ungefähre Höchstgrenze des Energiebruchteils und damit auch des Massen- und Gewichts-Bruchteiles, der in einem Atom (und auch in jedem sonstigen elektromagnetischen Feld) in Gestalt von potentieller Gravitations-Energie als vorhanden angenommen werden muß, um mit aller Erfahrung über die Energieumwandlungen im Großen in Einklang zu sein.

Ein solcher geringer Bruchteil ist aber auch mit aller bei irdischen Wägungen gemachten Erfahrung genügend in Einklang. Unterschiede in den Atomgewichten von $\frac{1}{1000}$ ihres Wertes sind kaum feststellbar, und es könnten bei irdischen Änderungen von potentiellen Gravitations-Energien sogar nur noch viel geringere Beträge in Betracht kommen. Ließe man beispielweise 1 *kgr* irgendeines Stoffes auf Erden um 1 *m* tiefer fallen, so ist nicht zu bezweifeln, daß unten (nach vollzogenem Temperaturausgleich) sämtliche Atome des Stoffes leichter geworden sind, so daß das Ganze *kgr* nun um $10^{-9}$ *mgr* weniger Masse hat. Dies ist aber so wenig, daß es, was das Gewicht anlangt, weit übertroffen wird durch die Gewichtszunahme infolge der Annäherung an den Erdmittelpunkt (etwa $\frac{1}{3}$ *mgr*). Ebenso ist es sicher, daß 1 *gr* Knallgas nach der Explosion und Erkaltung nicht 1 *gr* Wasser gibt, sondern um $1{,}7 \cdot 10^{-7}$ *mgr* weniger[2]), sowie daß 1 *kgr* Wasser um $4{,}5 \cdot 10^{-6}$ *mgr*

[1]) Man sieht daraus auch, daß selbst die größten, noch der Wirklichkeit entsprechenden Energieänderungen niemals zu negativen Energiemengen führen können, was auch mit der Gesamtheit der hier gewonnenen Vorstellungen gar nicht vereinbar wäre. Wenn dennoch aus mathematischer Bequemlichkeit oft mit negativen Energiemengen gerechnet wird, so muß dies in jedem Falle fast unvermeidlich zu falschen Vorstellungen führen.

[2]) Man sieht aus diesem Beispiel, daß die chemische Energie selbst bei Atomen die daran reich sind nur einen sehr kleinen Bruchteil ihrer Gesamtenergie ausmacht; denn eben die $1{,}7 \cdot 10^{-7}$ *mgr*, die bei der Bildung der chemischen Verbindung in Gestalt von Wärme weggehen, bemessen die chemische Energie der beiden Elemente gegeneinander bei 1 *gr* Gesamtenergie. Die chemische Energie jedes Stoffes sitzt nach unseren Ergebnissen an den Kraftlinien seiner Atome, und zwar zeigt die chemische Erfahrung, daß nur bestimmte Teile der Atom-Kraftfelder ihr Sitz sind. Wieviel von der Gesamtenergie dieser Felder als chemische Energie verfügbar wird, dies hängt von den anderen Atomen ab, die mit den betrachteten Atomen in Zusammenwirkung kommen und gegenüber

zunimmt, wenn man es von 0° auf 100° erhitzt, alles nach Gl. 1, $m = E/c^2$, gerechnet.

Gegenüber diesen so sehr jenseits des Nachwägbaren liegenden Unterschieden ist aber doch der wesentlich größere Bruchteil $\frac{1}{1000}$ oder mehr, welcher bei den großen, im Himmelsraum möglichen Gravitations-Einwirkungen zu erwarten wäre, noch besonderer Beachtung wert und zwar sowohl gegenüber schon vorliegender Erfahrung als auch grundsätzlich.

Zunächst sei hervorgehoben, daß die potentielle Gravitations-Energie als eine über alle Kraftlinien des betrachteten Systems verteilte Zusatzenergie anzusehen ist; denn wir hatten Ursache, die Gravitation als eine aller Energie gleichmäßig eigene Eigenschaft anzunehmen, entsprechend ihrer Massen- (d. i. eben Energie-) Proportionalität (Abschn. 4).[1]) Wenn aber sämtliche Kraftfelder eines Atoms ihren Energiegehalt im Betrage von $\frac{1}{1000}$ ändern, so dürfte das eine entsprechende Änderung sämtlicher Konstanten des Atoms zur Folge haben.

Besonders kontrollierbar sind an den Atomen der fernen Himmelskörper, die eine ganz andere Vorgeschichte von Gravitations-Einflüssen haben können als unser Sonnensystem, die Spektrallinien der Emission oder Absorption. Es dürften die Wellenlängen dieser Linien bei den gedachten Energieänderungen der Atome schwerlich ungeändert bleiben; es kann eine Vergrößerung der Wellenlänge (Verkleinerung des Lichtquants, Vergrößerung der Schwingungsdauer) bei verringertem Energiegehalt erwartet werden. Dies würde bedeuten, daß die Spektrallinien von Himmelskörpern mit wenig potentiellem Gravitationsenergie-Inhalt nach Rot verschoben wären gegenüber den Linien von Himmelskörpern mit viel potentieller Gravitations-Energie. Wenig potentielle Gravitations-Energie haben z. B. sehr große, räumlich konzentrierte und schon weit erkaltete Massen; viel Gravitations-Energie haben räumlich stark verteilte, durch Bewegungsvorgänge auseinandergehaltene Massen. Da Spektrallinienverschiebung im Betrage von $\frac{1}{1000}$ der Wellenlänge bei astronomischen Beobachtungen schon eine Rolle spielen — meist als Doppler-Effekte gedeutet —, so wäre nach unseren Ergebnissen zu bedenken, ob diese Deutung in allen Fällen zu Recht besteht, oder ob

welchen die chemische Energie gelten soll. Außerdem ist der Gehalt eines Atoms an chemischer Energie offenbar je nach dem Zustande (z. B. molekularem Bindungszustand) desselben verschieden.

[1]) Im Gegensatz dazu ist der Sitz der chemischen Energie immer nur in bestimmten, je nach Umständen vorhandenen oder nicht vorhandenen Kraftfelder-Teilen der betreffenden Atome zu suchen, wie bereits bemerkt.

nicht etwa die verschiedenen Energiegehalte der verschiedenen Himmelskörper in der hier erläuterten Weise mitwirken.[1])

Es ist nicht zu bezweifeln, daß die Erkenntnis der eben gedachten Änderungen im Energiegehalt der elektromagnetischen Felder der Atome noch viele weitere Folgerungen zuließe, z. B. auch Änderungen der Molekularkräfte betreffend. Solange aber diese Änderungen unter dem Betrage von $\frac{1}{1000}$ bleiben, ist wenig Aussicht vorhanden, darüber die vor allem nötige weitere Erfahrung zu sammeln. Nur in den Himmelsräumen, wo Umlagerungen ganzer Milchstraßensysteme unter dem Einfluß von Gravitationskräften vorgekommen sein können und noch vorkommen können, würde der Bruchteil $\frac{1}{1000}$ auch überschritten sein können, und je mehr er sich der Einheit nähert, desto umwälzender müßten die Folgerungen, betreffend Abänderungen der auf Erden gewohnten Stoffeigenschaften und Gesetzmäßigkeiten werden. Nur ein Gedanke sei als Beispiel von Grundsätzlichem hier noch erwähnt. Er betrifft nicht die Atome der Materie, sondern jedes einfache elektrische Feld, z. B. zwischen zwei Kondensatorplatten im luftleeren Raume. Es werde das elektrische Feld mit den isoliert gehaltenen Kondensatorplatten auf eine bestimmte Höhe über den Erdboden gehoben. Es ist nach unseren Ergebnissen nicht zu bezweifeln, daß die zur Hebung aufgewandte, dem betrachteten System zugeführte Energie im gesamten Kraftliniensystem desselben sich verteilt. Ein der Schwere (Energie) des mitgehobenen Kondensatorfeldes entsprechender Teil muß auch in die Kraftlinien dieses Feldes gegangen sein. Dadurch ist das Feld energiereicher geworden, als es unten war. Es ist, wenn unsere Überlegungen schon genügend der Wirklichkeit angepaßt sind, nicht zu bezweifeln, daß die beiden Kondensatorplatten mit dementsprechend (vergl. Gl. 2) vergrößerten Kräften einander anziehen müssen, obgleich die Zahl der auf ihnen getrennt vorhandenen elektrischen Elementarquanten unverändert geblieben ist. Man sieht, daß dadurch sogar die Ladung des Elementarquants in elektrostatischen Einheiten als Naturkonstante in Frage gestellt ist.

---

[1]) Erwähnt sei als Ergebnis der Deutung nach dem DOPPLER-Prinzip das Weglaufen der Spektralklassen B (allerheißeste, sehr große Sterne) und K, M (kälteste, noch leuchtende Sterne geringster oder großer Dichte). Es könnte bei den allerheißesten Sternen B viel Energie in lebendige Kraft losgetrennter Elektronen oder sonstiger nicht leuchtfähiger Atomteile übergegangen sein, so daß nur an Energie verarmte Atome zu absorbierender Wirkung in den Atmosphären vorhanden sind. Bei K und M ist die Energiearmut unmittelbar verständlich.

Wir fanden, wie man sieht, einen Weg zu sehr verfeinerten Einsichten in das Naturgeschehen, und was wir auf Grund der Zusammenfassung vieler Erfahrungen zeigten, kann als ein vertieftes Weltbild betrachtet werden mit dem Energiebegriff im Vordergrund. Die einzige Hypothese, welche wir dabei zu Hilfe nahmen, — die Einheitlichkeit aller Energie, aller Masse und aller Gravitationswirkung — hat sich in allen unseren Ausführungen vollkommen bewährt, indem bei allen neuen Hinzufügungen, die wir bieten konnten, doch nirgends ein Widerspruch gegenüber altbewährten Erkenntnissen aufgetreten ist. Der gefundene, ins Unbekannte sich erstreckende Weg kann — wie nicht wenige Stellen des Vorliegenden zeigen — auch noch viel weiter verfolgt werden, als es hier geschehen ist, was der Zukunft überlassen bleibt.

15. RÜGER, L. u. RÜGER-HAAS, P. Palaeosemaeostoma geryonides v. Huene sp. eine sessile Meduse aus dem Dogger von Wehingen i. W. und Medusina liasica nov. sp., eine coronatenähnliche Meduse aus dem mittleren Lias von Hechingen i. Württemberg. Reichsmark 1·50

## Jahrgang 1926.

1. KRULL, WOLFGANG. Theorie und Anwendung der verallgemeinerten Abelschen Gruppen. Reichsmark 1·70
2. KLEBS, GEORG. Über periodisch wachsende tropische Baumarten. Reichsmark 1·20
3. MÜLLER, MAX. Über die Oberfläche von Flächenstücken. Reichsmark 1·20
4. ERNST, MAX. Über Anlagen von Organen, die nicht zur Ausbildung gelangen. Reichsmark 0·50
5. ERNST, EMIL. Die optischen Eigenschaften des Andesins von Bodenmais. Reichsmark 1·10
6. LIEPMANN, WILHELM. Leichengeburt bei Ichthyosauriern. Reichsmark 0·90
7. KLEBS, GEORG. Über die Längenperiode der Internodien. Reichsmark 2·40
8. JOST, L. u. v. UBISCH, G. Zur Windefrage. Reichsmark 0·80
9. SALOMON, WILHELM. Gibt es Gesteine, die für bestimmte Erdperioden charakteristisch sind? Reichsmark 0·30
10. ROESER, ERNST. Der reelle Übergang zwischen den beiden nichteuklidischen Geometrien und ihrem Parallelenbegriff. Reichsmark 1·20
11. SALOMON, WILHELM. Kugelförmige Absonderung. Reichsmark 0·80
12. SALOMON, Felsenmeere und Blockstreuungen. Reichsmark 0·80
13. SALOMON, Die Gruppendefinitionen in der Paläontologie. Reichsmark 0·90

## Jahrgang 1927.

1. LOEWY, ALFRED. Neue elementare Begründung und Erweiterung der Galoisschen Theorie. Reichsmark 1·60
2. LIEBMANN, HEINRICH. Rhombische Geradennetze im Raum. Reichsmark 1·—
3. VOLK, OTTO. Über geodätische Dreiecknetze auf Flächen konstanten Krümmungsmaßes. Reichsmark 1·80
4. PÜTTER, A. Chemische Reizwirkung und Giftwirkung. Mit einem mathematischen Anhang: Ein Diffussionsproblem von E. TREFFTZ. Reichsmark 2·40
5. REMBS, EDUARD. Die Verbiegung des verlängerten Rotationsellipsoids. Reichsmark 1·60
6. MAYER, ADOLF. Naturwissenschaftliche Ästhetik. Reichsmark 0·90
7. MAYER, ADOLF. Naturwissenschaftliche Volkswirtschaftslehre. Reichsm. 0·80
8. BAER, R., KAPFERER, H., KRULL, W., SCHMIDT, F. K. Beiträge zur Algebra. Nr. 5—10. Reichsmark 6·20
9. MÜLLER, MAX. Über die Eindeutigkeit der Intregale eines Systems gewöhnlicher Differentialgleichungen und die Konvergenz einer Gattung von Verfahren zur Approximation dieser Integrale. Reichsmark 2·50
10. FREUDENBERG, KARL. Intramolekulare Umlagerung optisch-aktiver Systeme. Reichsmark 1·—
11. ROESER, ERNST. Abbildung der hyperbolischen Ebene auf die Kugel mittels der Beziehung zwischen Lot und Parallelwinkel. Reichsmark 1·—
12. RÜGER, L. Die direkte gebirgsgetreue Übertragung der auf dem Universaldrehtisch gewonnenen Messungsergebnisse gebirgsorientierter Schliffe in das Diagramm. Reichsmark 1·20
13. JOST, L. Elektrische Potentialdifferenzen an der Einzelzelle. Reichsmark 1·90

## Jahrgang 1928.

1. RÜGER, L. Einige Bemerkungen zur Darstellung tektonischer Elemente, insbesonders von Klüften und Harnischen. Reichsmark 1·20
2. HERBST, CURT. Untersuchungen zur Bestimmung des Geschlechts. Ein neuer Weg zur Lösung des Geschlechtsbestimmungsproblems bei Bonellia viridis. Reichsmark 1·50
3. MERTON, HUGO. Untersuchungen über die Entstehung amöbenähnlicher Zellen aus absterbenden Infusorien. Reichsmark 2·20

4. BAER, REINHOLD. Zur Einordnung der Theorie der Mischgruppen in die Gruppentheorie. Reichsmark 2·20
5. BAER, REINHOLD. Über die Zerlegungen einer Mischgruppe nach einer Untermischgruppe. Reichsmark 1·50
6. ROESER, ERNST. Komplementäre Körper der beiden nichteuklidischen Geometrien. Reichsmark 1·—
7. KRULL, WOLFGANG. Primidealketten in allgemeinen Ringbereichen. Reichsmark 1·10
8. SALOMON, WILHELM. Geologische Beobachtungen des Leonardo da Vinci. Reichsmark 0·90
9. LIEBMANN, HEINRICH. Die Sätze von Lie und Gambier über Kurven eines Linienkomplexes. Reichsmark 0.90
10. MERZ, K. W. Über den Wirkungsantagonismus von Blutkörperchen und Serum bei chemisch faßbaren biologischen Vorgängen. Reichsmark 1·20
11. MÜHLBACH, R. Über Raumkurven in der Möbius'schen Geometrie. Reichsmark 1·20
12. ERNST, PAUL. Wurzeln der Medizin. Reichsmark 1·50
13. MAYER, ADOLF. Naturwissenschaftliche Apologetik des Christentums. Reichsmark 1·60
14. BAER, REINHOLD. Beiträge zur Galoisschen Theorie. Reichsmark 1·80
15. SALOMON, WILHELM. Neue geologische Beobachtungen im Baitonegebiet des Adamello. Reichsmark 0·90
16. ERDMANNSDÖRFFER, O. H. Über Disthen-Andalusitparagenesen. Reichsm. 1·20
17. SCHNEIDT, MAX. Kurvennetze ohne Umwege. Reichsmark 1·30
18. BOPP, K. J. H. Lamberts und A. G. Kaestners Briefe aus den Gothaer Manuskripten herausgegeben. Reichsmark 2·20
19. FREUDENBERG, K. Zur Kenntnis des Fichtenholz-Lignins. Reichsmark 1·10

## Jahrgang 1929:

1. VOLK, OTTO. Über Flächen mit geodätischen Dreiecksnetzen. Reichsm. 2·50
2. SCHMIDT, F. K., KRULL, W., BREUER, S. Beiträge zur Algebra. Nr. 11—13. Reichsmark 1·80
3. HIEBER, W., Zur Kenntnis der chemischen Reaktionen des Eisencarbonyls. Reichsmark 0·90
4. SALOMON, WILHELM. Gletscherbeobachtungen am Vadret Lischanna (Unterengadin). Reichsmark 1·—
5. SALOMON, WILHELM. Arktische Bodenformen in den Alpen. Reichsmark 2·50
6. MÜLLER, MAX. Über die Greensche Funktion des Laplaceschen Differentialausdruckes. Reichsmark 1·50
7. RÜGER, L. Machairodus latidens Owen aus den altdiluvialen Sanden von Mauer a. d. Elsenz. Reichsmark 0·90
8. LENARD, P. Über Energie und Gravitation. Reichsmark 1·90

Druck: Hermann Böhlaus Nachfolger, Hof-Buchdruckerei, G. m. b. H., Weimar.

FSC
www.fsc.org
MIX
Papier | Fördert
gute Waldnutzung
FSC® C083411

Zeitfracht Medien GmbH
Ferdinand-Jühlke-Straße 7
99095 Erfurt, Deutschland
produktsicherheit@kolibri360.de